APPAREIL
ÉLECTRO-STATIQUE

ACTIONNÉ A LA MAIN

INSTRUCTION

BUREAUX DE LA MÉDECINE NOUVELLE

7, Rue Godot-de-Mauroy, 7

PARIS

APPAREIL
ÉLECTRO-STATIQUE

ACTIONNÉ A LA MAIN

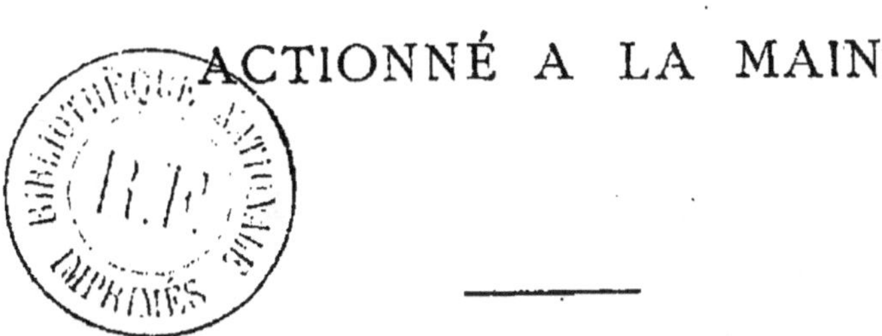

———

INSTRUCTION

———

BUREAUX DE LA MÉDECINE NOUVELLE

7, Rue Godot-de-Mauroy, 7

PARIS

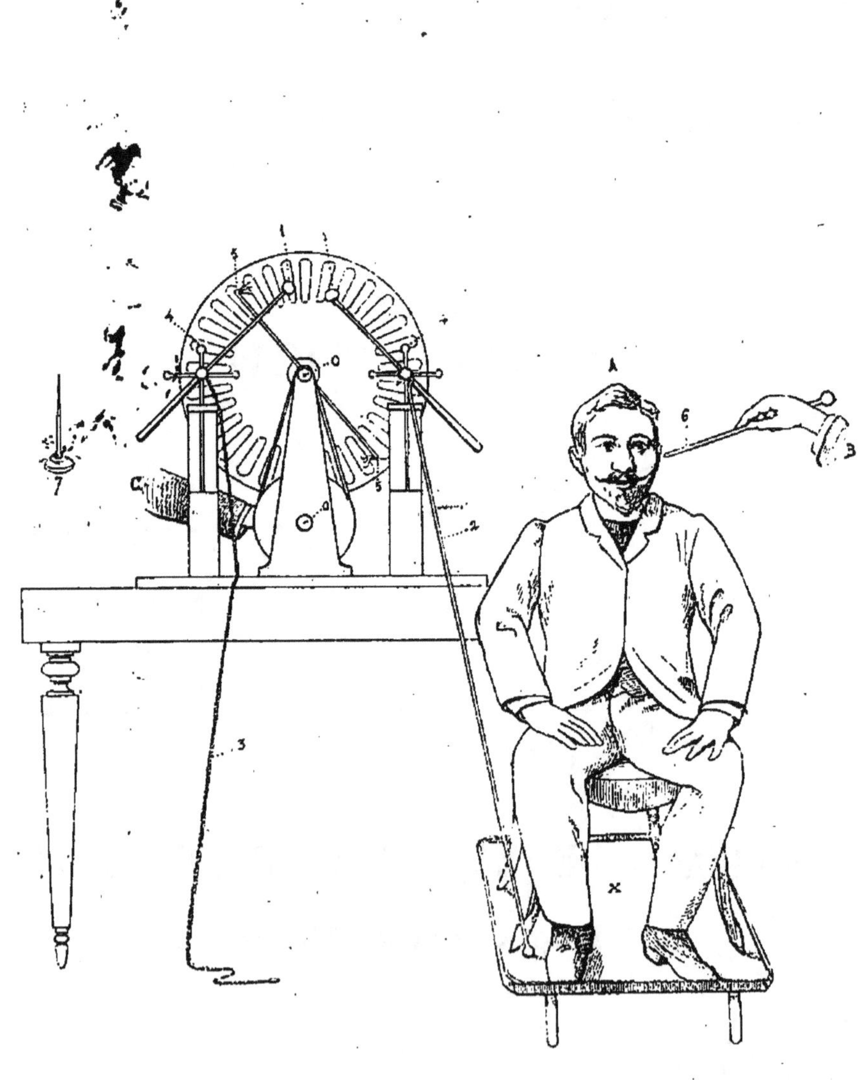

APPAREIL ÉLECTRO-STATIQUE

ACTIONNÉ A LA MAIN.

LÉGENDE.

La machine statique est représentée sur une table quelconque, servant à la mettre au niveau de la main de la personne qui la fait tourner.

Elle est composée de pièces fixes et de pièces qui s'y joignent pour les applications.

Les pièces indépendantes sont :

1º La chaîne, 3.

2º La tige extensible, 2.

Lorsqu'on veut faire une application quelconque, on relie la chaîne à l'électrode placée à gauche et la tige extensible à l'électrode placée à droite de la machine.

La chaîne, dite chaîne terrestre, sert à mettre l'électricité négative en communication avec le sol. Cette chaîne doit donc toucher à terre.

La tige extensible rentre en elle-même, et se développe à volonté. Il suffit de tirer sur son extrémité en crochet pour l'allonger autant qu'il le faut pour relier l'électrode de droite avec le tabouret. C'est cette tige qui amènera, pendant le fonctionnement de l'appareil, l'électricité positive sur le tabouret à pieds de verre, c'est-à-dire sur le malade soumis à l'action statique.

Les pièces fixes sont les suivantes:

1 et 1. Electrodes dont le rapprochement donne des étincelles qui se produisent de l'une à l'autre des deux boules qui les terminent. Il ne faut les rapprocher que pendant les applications directes, pour obtenir une sorte de condensation, pour la révulsion.

Quand on veut faire du vent électrique, on les sépare en les plaçant verticalement. Elles tournent sur leur axe, la chose est facile.

5 et 5. Sont des producteurs. Leur frottement léger sur les lamelles et les espaces nus des plateaux produit l'électricité et l'ozone.

L'électricité est recueillie par les peignes placés de chaque côté des plateaux et va s'accumuler dans les bouteilles de Leyde d'où partent par les boules des électrodes 1 et 1. les étincelles révulsives.

Ces étincelles se dégagent et se déchargent dans les électrodes par les tiges à têtes métalliques marquées 4 et 4.

Le bain statique sans révulsion n'ayant pas besoin d'étincelles, on retirera donc des bouteilles de Leyde avant l'application, les deux tiges 4 et 4.

Si, au contraire, on désire donner le bain statique avec révulsion, on remettra les tiges 4 et 4 dans les bouteilles de Leyde et on pourra tirer des étincelles à l'aide de l'électrode libre marquée 6.

Une petite burette marquée 7 sur les dessins, sert à

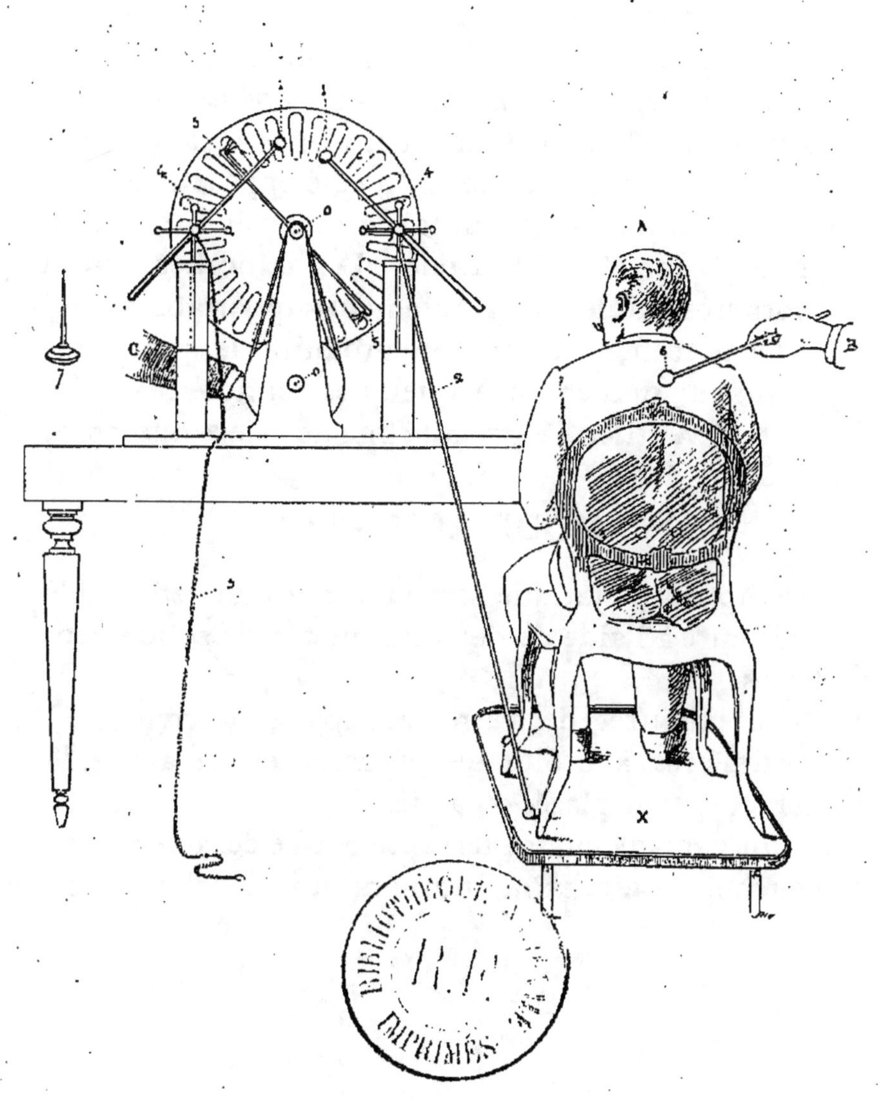

huiler les parties du bâti, c'est-à-dire les axes de rotation marqués o et o. Une goutte d'huile tous les huit jours suffit à empêcher que le frottement fatigue les pièces et le bois des poulies.

L'electrode libre marquée 6. sert à tirer des étincelles du malade placé sur le tabouret de verre X.

La personne qui applique le traitement, s'arme de cette électrode libre et, la tenant par l'extrémité cylindrique, approche la boule du malade et produit l'étincelle révulsive. Si la secousse est trop forte et que le malade ne veuille pas la supporter, l'électrode libre sera tenue du côté opposé et on approchera du malade, sur le point à révulser, l'extrémité fine de l'électrode. Les étincelles seront alors très-faibles et parfaitement supportables.

De cette même façon, on produira le vent électrique en approchant à quelques centimètres de la partie à ventiler, l'extrémité fine de l'électrode libre.

MODE D'EMPLOI.

L'appareil statique sera vissé sur une petite table ordinaire à l'aide de deux ou quatre vis solidement fixées.

Le tabouret de verre sera placé à environ 5o centimètres à droite de l'appareil et en avant, la manette étant placée en arrière.

On fixera la chaîne terrestre 3 à l'électrode fixe de gauche, cette chaîne traînera sur le sol par son autre extrémité. On reliera le tabouret à la machine à l'aide de la *tige extensible* 2.

L'extrémité terminée par un crochet sera adaptée par ce crochet à l'électrode fixe de droite, et l'autre extrémité de la tige reposera sur le tabouret, cette tige ne doit absolúment toucher qu'à la machine et au tabouret, pour ne rien perdre de l'électricité qu'elle doit amener sur l'endroit isolé par les pieds de verre.

Cela fait, une chaise ou un tabouret quelconque, seront placés sur le tabouret à pieds de verre, et la personne à traiter viendra s'y asseoir, de façon à ce qu'aucun de ses vêtements : robe de chambre, etc., ne touchent au sol, mais que tout repose bien sur le tabouret à pieds de verre; sans quoi, rien ne serait plus isolé et l'effet ne se produirait pas aussi bien.

Dans cette situation, si l'on veut prendre un bain statique sans révulsion, on fera ce qui est dit plus haut :

On retirera les tiges 4 et 4 des bouteilles de Leyde, et on fera tourner les plateaux à l'aide de la manivelle, comme l'indique le bras placé en arrière, marqué C.

Le bain peut durer de 10 à 20 minutes, et même une demi-heure si l'on veut, il n'y a aucun danger à le prolonger.

Quand on veut cesser, on attend environ une minute sans rotation et l'on descend sans sauter, une jambe après l'autre, pour rester en communication avec le tabouret et le sol, avant de quitter définitivement le tabouret.

RÉVULSION.

Pour le bain statique avec révulsion, il faut deux aides.

Le premier tourne et le second applique la révulsion à l'aide de *l'électrode libre* 6. La révulsion se fait en tirant des étincelles à l'aide de l'électrode libre, approchée à un demi-centimètre au plus du malade. On peut même le toucher avec l'électrode, soit avec la boule, soit avec l'extrémité fine.

Dans ce cas, pour la révulsion, il faut bien avoir soin, afin d'obtenir des étincelles, de laisser les deux *tiges* 4 *et* 4 dans les bouteilles de Leyde.

Le vent électrique s'opère aussi bien, pendant que les tiges 4 et 4 sont dans les bouteilles de Leyde. Mais s'il s'agit de projeter ce vent sur le visage, il est préférable de les retirer pour ne pas avoir d'étincelles qui sont désagréablement supportées sur le visage, tout en n'offrant aucun danger.

Nous donnons deux figures, l'une d'application révulsive, l'autre de projection de souffle électrique.

On doit, après chaque application de bain statique, essuyer toutes les pièces en métal avec une peau bien sèche de chamois, de façon à éviter l'oxydation qui pourrait se produire. La chaîne, la tige extensible, etc., tout doit être essuyé avec précaution et soin.

L'appareil et ses accessoires doivent être placés, entre les séances, dans un endroit bien sec.

On évitera surtout d'approcher la machine du

feu. Son contact gondolerait les plateaux qu'on devrait nous envoyer de suite pour être redressés.

Par les temps humides, si l'appareil ne donne pas d'électricité, on essuiera les plateaux avec un linge chauffé. Ce linge sera très-fin et on frottera avec précaution pour enlever l'humidité.

Si les plateaux venaient à s'encrasser par le fait de l'accumulation des poussières, etc., il faudrait prendre chez le pharmacien un peu d'alcool rectifié à 90 degrés, en imbiber un linge fin et laver doucement les plateaux sur leurs faces externes, puis essuyer rapidement avec un linge fin chauffé et surtout très-sec.

L'appareil fonctionnerait immédiatement.

Enfin, si à la longue les lamelles argentées qui entourent les plateaux venaient à s'user, on nous demanderait des lamelles neuves que nous enverrions en indiquant le moyen de les appliquer pour changer les anciennes.

Un appareil bien soigné est inusable.

QUELQUES CONSEILS

La révulsion statique peut se faire sur la peau nue et sans crainte, l'effet n'en est que meilleur, car les muscles en profitent mieux.

Le bain statique peut être pris très vêtu, mais la révulsion se fait mieux quand le malade n'est pas recouvert d'une grande quantité de vêtements formant épaisseur.

Les femmes, les enfants, les vieillards, toutes les personnes affaiblies, recouvreront, par l'usage quotidien des bains statiques, leurs forces perdues et leur énergie vitale.

CARBURATEUR ÉLECTRO-STATIQUE

Pour convertir la machine en carburateur électro-statique, il suffira d'enlever les *Electrodes fixes* *1 et 1*. Pour cela, en les tenant avec la main droite en avant à leur centre, on tirera en vissant et dévissant, tandis que la main gauche soutiendra en arrière, le coude du peigne pour ne pas que ce dernier dévie.

On enlèvera également les tigelles 4 et 4. La rotation produira dès lors de l'ozone chimiquement pur et non de l'électricité statique comme celle du bain.

Nous répondons toujours aux questions que nos clients veulent bien nous adresser relativement aux traitements.

L'Administrateur,
LE GRAS

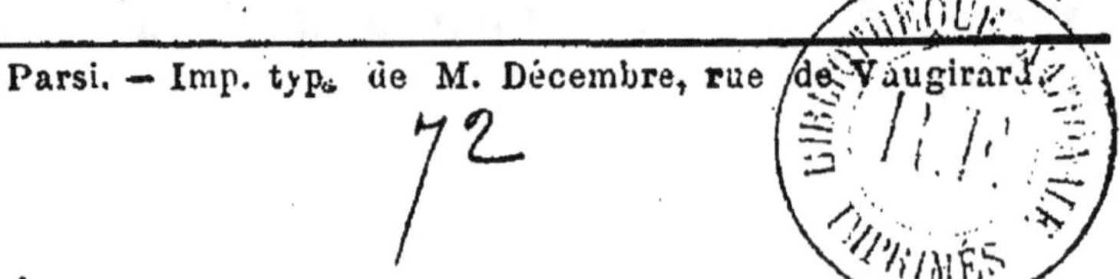

Parsi. — Imp. typ. de M. Décembre, rue de Vaugirard.

9 782019 285203